Bibliografische Information der Deutschen Nationalbibliothek:

Die Deutsche Bibliothek verzeichnet diese Publikation in der Deutschen Nationalbibliografie; detaillierte bibliografische Daten sind im Internet über http://dnb.d-nb.de/ abrufbar.

Impressum:

Druck und Bindung: Books on Demand GmbH, Norderstedt Germany
ISBN: 9783640510726

Dieses Buch bei GRIN:

http://www.grin.com/de/e-book/141229/die-miesen-tricks-der-bauunternehmer

Jan Riemann

Die miesen Tricks der Bauunternehmer

GRIN Verlag

TRICKS DER BAUUNTERNEHMER

von Jan Riemann

Haftungsausschluss: Die Inhalte dieser Publikation wurden sorgfältig recherchiert, aber dennoch haftet der Autor nicht für die Folge von Irrtümern, mit denen der folgende Text behaftet sein könnte.

Inhaltsverzeichnis

Einführung

Tricks der Bauunternehmer - wie gemein! Ich denke, mit den meisten meiner Leser muss ich mich nicht darüber streiten, ob es diese Tricks gibt. Die Frage lautet viel mehr: Ist es ein solch wichtiges Problem, dass es sich lohnt darüber ein Buch zu schreiben?

Die Antwort darauf überlasse ich dem geneigten Leser am Ende meines Buches.

Alle diejenigen werden enttäuscht sein, die ein mit Fachbegriffen und ausschweifenden Texten vollgestopftes Fachbuch erwarten.

Ich schreibe aus der Praxis für die Praxis, resultierend aus meiner 15jährigen Erfahrung als Bauunternehmer und Geschäftsführer einer großen deutschen Immobilien GmbH. Ich habe ca. 100 Bauprojekte direkt begleitet, vom ersten Spatenstich bis zum Umzug.

Was einige von Ihnen beim Lesen des Titels sicher schon geahnt haben belegt eine Dekra-Studie eindrucksvoll:

Beim Bau von Wohnhäusern entstehen jedes Jahr geschätzte Schäden im Wert von 1,4 Milliarden Euro. An jedem Haus wurden im Schnitt 21 Mängel im Wert von 10.000,- € festgestellt, die sich in der Folge auf bis zu 27.000 € summieren konnten. Beeindruckend oder?

Noch beeindruckender ist die Tatsache, dass die Tendenz steigend ist. Dass hierbei noch nicht einmal die Schäden durch die nachfolgend aufgeführten Tricks beinhaltet sind, wird meine Motivation für dieses Buch verständlich machen.

Dieses Thema kann im Rahmen eines solchen Buches nur einführend aufgearbeitet werden. Sie finden im Internet sehr viele Seiten, die sich weiterführend mit dieser Problematik beschäftigen. Eine kleine Hilfe ist die Linksammlung am Ende des Buches.

Warum dieses Buch?

Mit diesem Buch werden Sie definitiv bei Ihrem nächsten Bauprojekt Geld sparen.

Vorausgesetzt, Sie wenden die entsprechenden Tipps auch entsprechend an!

Warum? Weil mindestens einer, in der Regel mehrere, dieser Tricks bei Bauprojekten zur Anwendung kommen, bewusst oder unbewusst.

Dessen bin ich mir sicher.

Und weil ich mir da so sicher bin gebe ich Ihnen eine 365-Tage-**GARANTIE!** Sollten Sie also nach dem Lesen dieses Buches und Befolgen meiner entsprechenden Ratschläge bei Ihrem nächsten Hausbau kein Geld sparen, bekommen Sie Ihr Geld für dieses Buch zurück! Ohne Wenn und Aber und ohne lästiges Rückfragen.

Die nachfolgenden Tricks sind keine Erfindungen oder bloße Gedankenspiele. Es gibt sie! Es gibt sie jeden Tag in Deutschland. Und sie funktionieren.

Nicht immer, aber doch so oft, dass man davon bequem mehrere Wohnsiedlungen im Jahr bauen könnte.
Warum ich das behaupte?

Weil ich diese Tricks in den letzten 15 Jahren fast täglich beobachten konnte und mehr: Ich selbst habe sie oft genug angewendet. Ich möchte dabei betonen, dass viele dieser Praktiken noch nicht einmal illegal sind. Aber sie kosten Geld - Ihr Geld!

Bitte verstehen Sie mich richtig: Die meisten Baufirmen arbeiten sehr seriös und müssen gerade mit störrischen Behörden tagtäglich um die zügige Umsetzung geplanter Projekte kämpfen. Von dem großen Konkurrenzdruck und der unüberschaubaren Vorschriftenflut ganz zu schweigen.

Dieses Buch erhebt keineswegs Anspruch auf Vollständigkeit und Allgemeingültigkeit. Genauso wenig kann es die Beratung durch Architekten,

Finanzierungsexperten oder Sachverständige ersetzen. Es soll Ihnen Anregungen geben, worauf Sie bei den Verhandlungen mit Ihrer Baufirma achten können und sollten.

Insoweit ich innerhalb der einzelnen Tricks auf technische Details eingehe beachten Sie bitte, dass gerade in der Baubranche häufig neue Vorschriften und Verordnungen in Kraft treten. Obwohl ich mich bemüht habe, den momentan aktuellen Stand der Vorschriften wieder zu geben kann es doch sein, dass beim Lesen dieses Buches einige dieser schon veraltet bzw. durch andere ersetzt wurden.

Bitte beachten Sie dies beim Lesen dieses Buches.

Aber lassen Sie uns zur Sache kommen, denn dies ist ein E-Book und kein Kompendium über die Bauwirtschaft.

Eine kleine Trickkunde

Der Bauunternehmer - Freund oder Gegner?

Ganz klar: Der Bauunternehmer ist Ihr Freund! Das trifft nach meiner Erfahrung auf die allermeisten Firmen zu! Während der Bauphase wird er praktisch zu Ihrem Familienmitglied!

Die Bauphase dauert in der Regel sehr lange, wenn man mal von einem normalen Einfamilienhausprojekt ausgeht. Es gibt die Sondierungsphase, erste Angebote werden ausgetauscht, man telefoniert, trifft sich. Es ist nicht unüblich, dass vom ersten Gespräch bis zur Behebung der letzten kleinen Probleme 1-2 Jahre vergehen. Sie werden Ihren Baupartner in dieser Zeit öfters sehen als Ihre engsten Familienmitglieder. Er wird Gast auf Ihren Familienfeiern sein, zumindest solange keine ernsthaften Probleme auftreten. ☺

Sie haben beide das gleiche Ziel: Sie wollen Geld verdienen! Ihr Bauunternehmer möglichst in Cash und Sie in Form einer sicheren Altersvorsorge oder einer lohnenden Kapitalanlage! Und Sie beide wissen: Nur miteinander wird dieses Ziel auch erreicht! Also sind erst einmal grundsätzlich beide Parteien bestrebt das Bauvorhaben harmonisch durchzuführen. Kleinere auftretende Probleme werden meist kulant gelöst.

Wie werden diese Tricks angewendet?

Meine Darstellung der angewendeten Tricks unterscheidet sich in 2 Kategorien: bewusste und unbewusst angewendete.

Erstere werden von Ihrer Baufirma gezielt angewendet, um sich einen geldwerten Vorteil oder anderweitige Vorteile, seien es Garantiezusagen, Haftungsausschlüsse usw. zu „erschleichen". Man spielt bewusst mit Ihrer Unkenntnis oder verkleistert Ihnen den objektiven Blick mittels hochtrabender Vertragsformulierungen oder beeindruckender Zertifikate.

Die unbewussten Tricks resultieren meist aus der eigenen Unkenntnis rechtlicher oder technischer Bestimmungen der jeweiligen Baufirma. Da es im Prinzip jedem Handwerker, Architekten oder Gebäudereiniger gestattet ist ein eigenes „Hausprodukt" anzubieten, ist hier eine besondere Gefahr gegeben.

Entscheidend dabei ist, dass beide Varianten nur zu einem Ergebnis führen - sie kosten Ihr Geld!

Gibt es ganz legale Tricks?

Ein ganz klares: Ja!

Allein dank unserer vielfältigen, sich teilweise überlagernden deutschen Normen im Baubereich hat der Bauunternehmer erheblichen Spielraum für seine Vertragsgestaltung. So kann er sich zum Beispiel bei der Angabe der Wohnfläche auf 2 bestehende Normen zur Berechnung stützen. Ob er dabei die für sich günstigere Methode wählt - nun lassen Sie sich überraschen.

Zudem gibt es auch innerhalb der Normen erheblichen Spielraum bei der Anwendung. Allein der DIN-Begriff: „Anerkannte Regeln der Technik" ist wie Kaugummi und wird nicht selten zum Nachteil des unkundigen Häuslebauers strapaziert.

Allein schon das Weglassen bloßer Informationen, auch ein beliebter Trick, kostet Ihnen, lieber Leser und Häuslebauer, viel Geld! So kann Ihnen der Bauunternehmer sagen, dass das Grundstück ok ist, weil er bereits für das Nachbargrundstück umfangreiche Bodengutachten erstellt hat - er muss es aber nicht und kassiert noch mal.

Wie vermeide ich legale Tricks?

In erster Linie: Bewahren Sie einen kühlen Kopf! Selbst die seriösesten Firmen möchten vor allem eins: ein gutes Geschäft machen. Und das bedeutet Gewinnoptimierung. Man kann natürlich auch ein gutes Geschäft machen ohne den Bauherrn zu übervorteilen, aber die Grenze ist eng und wird schnell überschritten. Vermeiden Sie insbesondere Schnellschüsse: Abschlüsse auf Messen, Besichtigungstagen oder im ersten Gespräch sollten Sie vermeiden. Professionelle Bauunternehmer lassen Ihnen die Zeit alles in Ruhe zu prüfen und zu lesen.

Recherchieren Sie selbst: Erkundigen Sie sich, am schnellsten im Internet, über Alternativen, Preise und einschlägige Vorschriften. Nie war es so einfach und transparent wie heute fundierte Informationen zu allen möglichen Themen zu finden.

Halten Sie Ihren Budgetplan ein! Erstellen Sie ihn unbedingt vorher, auf der Grundlage Ihres Finanzierungskonzeptes. Dann werden Sie schnell erkennen, ob Sie Spielraum für etwaige „notwendige" Mehrleistungen oder vermeintlich „günstige" Sonderausstattungen haben.

Und noch etwas: Es gibt nur eine Möglichkeit sich beim Bau 100% abzusichern:

Nicht zu bauen!

Alle Ratgeber, Experten und Checklisten werden Sie nicht vor Problemen und Mängeln bewahren - dafür ist ein Bauwerk zu komplex. Schließlich kaufen Sie kein Stück Brot!

Aber man kann die potenziellen Fehlerquellen einkreisen und auf ein Minimum reduzieren.

Und dabei möchte ich Ihnen helfen!

18 Tipps und Tricks beim Bauen

Der Katalog-Trick

Kennen Sie das auch: Sie finden in der Zeitung oder im Internet ein schönes Haus, 110m² für 99.000 €. Und das auch noch schlüsselfertig und mit Balkon. Na, wenn das nichts ist. Das böse Erwachen kommt dann meist nach dem ersten Gespräch beim Bauunternehmer.

Bei gewissen ausgekochten Beratern auch erst nach dem 2. oder 3. Gespräch. Die Strategie bei Letzterem verlangt, erst ein Vertrauensverhältnis zu Ihnen aufzubauen. Wundern Sie sich also nicht, wenn der Hausberater auch mal mit Kaffee und Kuchen vor der Tür steht oder Sie mitten in der Geburtstagsfeier anruft und „uns" noch gute Geschäfte wünscht. Gesundheit natürlich auch.

Das Problem ist klein, meist nicht lesbar und steht oft unter den schönen bunten Bildern, wenn überhaupt. Es ist der schöne Spruch „Abbildung enthält Sonderleistungen". Welche das sind erfahren Sie dann später, siehe oben.
Ich behaupte mal ganz frech: Mindestens 30-40% aller Hausangebote können Sie nicht zu dem angegebenen Preis kaufen, Tendenz steigend. Sehr beliebt sind hierbei die sogenannten Sternchen-Angaben. Meist handelt es sich um einen sehr günstigen Angebotspreis der mittels des „Sternchens" wieder eingeschränkt wird. Wundern Sie sich nicht, wenn Sie diese Einschränkungen bei der jeweiligen Prospektwerbung nicht finden oder, schlimmer noch, gar nicht lesen

können, weil Sie dafür ein Elektronenmikroskop bräuchten.

Interessant in diesem Zusammenhang sind verschiedene Urteile zur Transparenz der „Sternchen"-Texte dieser Werbeprospekte.

So wurde ein großer Konzern vom Bonner Landgericht auf Unterlassung verklagt, weil es in seinen Prospekten 4,5-Punkt große Schrift verwendete:
Erst im Kleingedruckten kann die Zusammensetzung des "tatsächlich zu zahlenden Endpreis" erkannt werden. Das Werbeprospekt betreibe eine "Irreführung" des Verbrauchers und missachte das Transparenzgebot. Die Schriftgröße 4,5 Punkt entspricht schon bei Großbuchstaben nur etwa 1mm Texthöhe, Kleinbuchstaben erreichen 0,7mm.

In einem anderen Urteil waren die Richter der Meinung, dass die auf einem Prospekt abgebildete Werbung gegen das Transparenzgebot i. S. d. § 4 Nr. 4 UWG verstoße:
Angaben über Preisnachlässe müssen ausreichend wahrnehmbar und verständlich sein. Bedingungen für den Preisnachlass seien in räumlicher Nähe anzugeben. Weiterhin beanstandeten die Richter, dass der Umfang der Rabattgewährung im Unklaren bleibe.
(Ähnlich zuletzt zur Ausnahme vom Preisnachlass bei Prospektware LG Karlsruhe, Urteil v. 23.03.2007, Az. 13 O 176/06 KfH, Wettbewerbsrecht Aktuell 8/2007, m. w. N.)

Mein Tipp:

Gemäß den gesetzlichen Regelungen des Bürgerlichen Gesetzbuches (BGB) zum Kaufvertrag **(§ 434 I 3 BGB)**, wonach zur Beschaffenheit einer Sache auch Eigenschaften gehören, die der Käufer nach öffentlichen Äußerungen des Verkäufers, des Herstellers ... insbesondere in der Werbung ... erwarten kann, ist im Zweifelsfall zu prüfen, ob das Merkmal der Prospekthaftung greift.

Sprechen Sie gegebenenfalls den Bauunternehmer auf diesen Umstand an, wenn der tatsächliche Preis dann unverhältnismäßig abweicht.

Seien Sie zudem realistisch, behalten Sie einen kühlen Kopf. Die meisten Bauunternehmer kaufen gleichwertige Materialien zu ähnlichen Preisen ein. Maßgeblich ist am Ende der Preis im Hausvertrag.

Der Wohnflächen-Trick

Eng verwandt mit dem Katalog-Trick ist unser Wohnflächen-Trick.

Sie sehen einen wunderschönen Hauskatalog vor sich, stellen in Gedanken schon Ihre Couch auf. Immerhin haben Sie ja einen Festpreis in Höhe von 120.000,- €, schlüsselfertig, für 120 m² Wohnfläche. Geübte Rechner erkennen sofort: Das sind verdauliche 1000€/m² Wohnfläche. Nicht schlecht, könnte man meinen. Jetzt hoffe ich für Sie nur, dass Sie vor dem Möbelkaufen noch einen Architekten haben, der Ihnen eine vernünftige Raumplanung gibt. Denn spätestens dann erkennen Sie, dass Ihre 4 m Eck-Couch aus feinstem Nappa-Leder weit mehr Platz einnimmt, als zunächst vermutet.

Na prima und wieso das, fragen Sie sich?

Jetzt wird's spannend:

Zurzeit kursieren zwei, ja sogar drei Regelungen zur Wohnflächenberechnung: Die Wohnflächenverordnung (WoflV), die DIN-Norm 277 „Grundflächen und Rauminhalte von Bauwerken im Hochbau" und gelegentlich die veraltete DIN 283 zur Wohnflächenberechnung.

Während beim geförderten Wohnungsbau die WoflV zwingend anzuwenden ist, bleibt es dem Bauunternehmer bei nicht geförderten Bauvorhaben mehr oder weniger freigestellt, welche Berechnungsgrundlage er wählt.

Dabei wird bei der Vorlage des Grundrisses häufig nicht einmal die Art der Berechnungsgrundlage angegeben.

Die Einzelheiten der einzelnen Verordnungen würden den Rahmen dieses E-Books sprengen, wichtig dabei ist Folgendes:

Die Berechnung der Wohnfläche auf Grundlage der DIN 277 kommt meist zu höheren m²-Zahlen „Nutzfläche" und ist deshalb bei Bauunternehmern sehr beliebt.
Die neue DIN 277 ist zudem sehr kompliziert: Sie unterscheidet zwischen Hauptnutzfläche (z.B. Wohnzimmer), Nebennutzfläche (z.B. Bad), Funktionsfläche (z.B. Heizraum) und Verkehrsfläche (z.B. Treppen). Unterschiede zwischen der WoflV und der DIN 277 ergeben sich vor allem bei Dachschrägen, Treppen, Loggien, Balkonen und Terrassen.

Ein paar Beispiele:

1.
Flächen unter Dachschrägen zwischen 1 und 2 m Höhe sind nach der WoflV zur Hälfte anzurechnen, nach der DIN 277 sind die gesamten Grundflächen dieser Dachschrägen als Nutzfläche anzugeben, aber separat auszuweisen.

2.
Kellervorratsräume z.B. werden nach DIN 277 als Nutzfläche ausgewiesen, nach der Wohnflächenverordnung (WoFlV) dürfen sie der Wohnfläche nicht zugeordnet werden.

3.
Balkone, Loggien, Dachgärten und Terrassen sind nach WoflV zu einem Viertel, höchstens zur Hälfte als Wohnfläche anzurechnen, nach DIN 277 gehören diese Flächen zu den Nutzflächen, müssen aber separat ausgewiesen werden.

4.
Die Flächen von Dachböden (Spitzböden) werden nach WoflV nicht angerechnet, bei der DIN 277 dagegen voll.

Nicht selten ist von "Wohnflächen nach DIN" oder von „Wohn/Nutzfläche" die Rede. Diese Aussagen sind bei Neubauten nicht nur irreführend sondern auch falsch!

Die häufigste Aussage zu Flächen bezieht sich auf "Netto-Grundfläche" nach DIN 277.
Die separate Ausweisung der Flächen fehlt meist völlig.

Die Intransparenz für den Laien ist enorm, ein Vergleich sehr schwierig.

Die Angaben für das gleiche Haus können deshalb stark schwanken, je nach verwendetem Rechenverfahren.

Der Bundesgerichtshof (Urteil v. 11.07.1997 -V ZR 246/96-) fällte hierzu ein interessantes Urteil, in dem es um eine erworbene Eigentumswohnung ging, die mit einer unrichtig dargestellten Wohnfläche im Prospekt des Bauträgers zum Verkauf angeboten wurde:

Das Gericht bejahte in seiner Entscheidung die Ansprüche des Käufers gegen den Bauträger nach den Grundsätzen der Prospekthaftung (Minderungsrecht und Schadensersatz), da die im Prospekt angegebene (falsche) Wohnraumgröße zum Bestandteil des Notarvertrages und damit für den Bauträger verbindlich wurde.

Mein Tipp:

Prüfen Sie beim Vergleich mehrerer Hausanbieter die Grundrisse und Wohnflächenangaben auf Grundlage derselben Verordnung, am besten der Wohnflächenverordnung (WoflV)- nur dann vergleichen Sie keine Äpfel mit Birnen.

Prospekt - & Katalogangaben sind in der Regel, leider, keine Bestandteile des Haus- oder Notarvertrages. Insofern lassen sich hieraus bei falschen Angaben keinerlei Schadenersatzansprüche ableiten. Schauen Sie sich daher vor Vertragsunterzeichnung genau die Architektenzeichnungen und Grundrisspläne an.

Der Architektentrick

Mal ein kleiner Trick nebenbei:

Meist wird Ihnen als zusätzlicher Service das stadtbekannte Architektenbüro „Planungsfuchs" empfohlen (ich hoffe, dieses gibt es nicht wirklich). Und da die Kosten im „sowieso günstigen Hauspreis" schon enthalten sind, nehmen Sie das Angebot natürlich gern wahr.
Nur nebenbei: Meist sind nur die Kosten der HOAI-Phase 1-4 enthalten - ein nicht zu unterschätzender Punkt, aber damit beschäftigen wir uns im nächsten Buch.

Da unser „Planungsfuchs" von unserem Bauunternehmer bezahlt wird, soll es mitunter vorkommen, dass etwaige Planungsdetails zulasten Ihres Geldbeutels im Interesse der Baufirma „angeraten" werden.
Dass Sie diesen Rat ehrfurchtsvoll durchdenken liegt natürlich daran, dass unsere Architekten immer noch als ein Hort der Seriosität und Objektivität betrachtet werden, bei den meisten sicher zu Recht.

Behalten Sie das bitte im Hinterkopf, wenn Ihnen Ihr „Planungsfuchs" 4 große Dachfenster für Ihr dann lichtdurchflutetes Schlafzimmer empfiehlt. Stückpreis nur sagenhafte 1.200,-€ - Markenware natürlich.

Mein Tipp:

Wenn möglich, lassen Sie sich die Architektenkosten gut schreiben und wählen Sie einen unabhängigen Architekten aus. Gegebenenfalls könnte dieser gleich die Bauüberwachung übernehmen, da auch hier dann Objektivität gewährleistet ist. Sollte dies seitens der Baufirma nicht möglich sein, nehmen Sie trotzdem zusätzlich die Überwachung durch einen externen Sachverständigen in Anspruch - es wird sich lohnen.

Das bringt uns aber auch gleich zum **„Sachverständigen-Trick"**

Herzlichen Glückwunsch! Nach Lesen meines Buches sind Sie „Sachverständiger für Bauunternehmertricks". Zertifikat und Mitgliedsausweis sende ich Ihnen gegen eine kleine Gebühr gern zu!

Ein kleiner Scherz - oder auch nicht …

Die Berufsbezeichnung „Freier Sachverständiger" ist in Deutschland nicht geschützt. Wann immer Ihnen danach ist ernennen Sie sich zum Sachverständigen für Goldfischpaarung, Kerzenwachsentfernung oder Hausschuhreparatur.

Entschuldigen Sie meine Ausschweifungen, aber mitunter kann ich mir ein Lachen nicht verkneifen, wenn ich einige „Verbände" sehe, die Interessenten in 50€ CD-Kursen zu Sachverständigen ausbilden.

Die genaue Fachkompetenz ist für den „Baulaien" schwer einzuschätzen. Umso wichtiger ist es für jeden Auftraggeber, die Qualifikation und die Qualitätssicherung des Sachverständigen kritisch zu hinterfragen. Sachverständige müssen auf einem oder mehreren Sachgebieten über überdurchschnittliche Kenntnisse und Erfahrungen verfügen und diese besondere Sachkunde „persönlich, unabhängig, unparteiisch, weisungsfrei und gewissenhaft" zur Verfügung stellen. Hier können Ihnen oft auch die Handwerkskammern oder Industrie - und Handelskammern eine Empfehlung geben.

In der Regel gibt es mehrere verschiedene Einordnungen von Sachverständigen:

1. der amtlich anerkannte Sachverständige
2. der Sachverständige mit Verbandszugehörigkeit
3. der verpflichtete Sachverständige
4. der öffentlich bestellte und vereidigte Sachverständige
5. der freie oder selbsternannte Sachverständige

Zunehmende Bedeutung dürften in Zukunft die zertifizierten Sachverständigen erlangen, da bei diesen einheitlich geregelte Prüfkriterien zugrunde liegen.

Mein Tipp:

Lassen Sie sich von den entsprechenden Verbänden oder Kammern Referenzen und Ausbildung des Sachverständigen nennen, der von Ihrem Bauunternehmer empfohlen wurde. Sicherer sind Sie mit einem amtlich anerkannten oder öffentlich bestellten und vereidigten Sachverständigen - diese Berufsbezeichnung ist in Deutschland geschützt.

Beauftragen und bezahlen Sie Ihren Sachverständigen unbedingt selbst. Es besteht immer die Gefahr der Parteilichkeit, wenn ein Berater von der Baufirma oder Lieferanten beauftragt wird.

Prüfen Sie zudem die gesetzlich vorgeschriebene Berufshaftpflicht Ihres Beraters - auch erfahrenen Sachverständigen können bei komplexen Bauvorhaben Fehler unterlaufen.

Fragen Sie bei IHK-Gutachtern auch, ob der Berater ein Handwerk gelernt hat - dies ist leider nicht immer der Fall.

Suchen Sie sich, wenn möglich, einen hauptberuflichen Gutachter. Es ist immer die Gefahr einer Abhängigkeit zum Bauunternehmer gegeben, wenn er im Hauptberuf planerisch oder handwerklich tätig ist. Eine dann auftretende parteiische Stellung kommt öfter vor, als man denkt.

Sollte der, dann hoffentlich fachkundige, Sachverständige berechtigte Mängel feststellen, gehen Sie immer gemeinsam mit einem Rechtsanwalt gegen den Bauunternehmer vor.
Tun Sie das nicht wäre das genau so, als wollten Sie Ihren schönen neuen BMW ohne Zündschlüssel starten.

Der Gutachter ist das Auto, der Rechtsanwalt der Zündschlüssel. Nur zusammen fährt Ihr schicker BMW und nur gemeinsam haben Sie eine reelle Chance Ihre Ansprüche durchzusetzen. Hierzu gibt es eine interessante Abhandlung von Martin Beisse - siehe Linksammlung am Ende des Buches.

Der „Steuertrick"

Jetzt wird's gefährlich. Steuer bedeutet Finanzamt und Finanzamt bedeutet Stress.

Ok, nicht für Sie, da Sie ja alles ordnungsgemäß angeben.

Aber es soll Fälle in der Baubranche gegeben haben, da bekamen aufrichtige Häuslebauer einen unliebsamen Brief von dieser beliebten Behörde. Ich bezeichne diese Briefe immer als die berüchtigten Wölfe im Schafspelz, meist grau, klein, schlicht - aber wehe sie werden geöffnet.

Meist hatte man es sich schon gemütlich gemacht, der Rasen im Außenbereich war schon angegangen und der nette Bauunternehmer hatte schon lange seine Abschlussrechnung gestellt.

Was war passiert? Nun ganz einfach:

Wenn Sie ein Grundstück kaufen, bezahlen Sie 3,5% Grunderwerbsteuer auf den Kaufpreis. Bei 10.000,- € sind das, sehr gut, 350,- €. Alles bestens, wenn die Grundstückseigentümerin Oma Erna ist, die mit unserem Bauunternehmer Herrn Schlaumeier noch nie vorher anderweitige Geschäfte getätigt hat.

Hier ist der Begriff „wirtschaftliche Verflechtung" bzw. „einheitlicher Leistungsgegenstand" von entscheidender Bedeutung. Es handelt sich hier um einen nicht genau definierten Bereich, der jeweils im Einzelfall betrachtet werden muss.

Sollte also der Bauunternehmer bereits Geschäfte mit dem Grundstückseigentümer gemacht haben oder anderweitig „nahe-stehen“, dann ist in jedem Fall auch der Bauvertrag notariell zu beurkunden. Genauso spielen hierbei der zeitliche Ablauf von Grundstücks- und Hausvertrag sowie darin enthaltene Bedingungen eine große Rolle.

Vereinfacht gesagt ist es von entscheidender Bedeutung, ob Sie als Vertragspartner nur die Gesamtleistung (also Grundstücks- und Hausvertrag) gemeinsam annehmen oder diese ablehnen können. Auch wenn Grundstückseigentümer und Bauunternehmer unterschiedliche Personen sind kann also ein „ einheitlicher Vertragsgegenstand“ vorliegen, wenn diese Ihr Verhalten erkennbar aufeinander abgestimmt haben.
Grundsätzlich bedarf der Erwerb vom Bauträger, der sowohl den Grundstückskauf, als auch eine Bauverpflichtung enthält, der notariellen Beurkundung. Manche Anbieter haben versucht, eine Trennung insoweit herbeizuführen, als der Verkauf und die Gebäudeherstellung von unterschiedlichen Firmen angeboten wurden, die gesellschaftsrechtlich allerdings häufig eng miteinander verknüpft waren.

Die Rechtsprechung hat in diesen Fällen den Grundsatz aufgestellt, dass auch dann, wenn die Baufirma mit dem Verkäufer des Grundstücks nicht identisch ist, jedoch eine enge rechtliche Abhängigkeit besteht, der Bauvertrag der notariellen Beurkundung bedarf.

Diese Rechtsprechung entwickelte sich dahingehend weiter, dass sowohl der Grundstückskaufvertrag als auch der Bauvertrag notariell beurkundet werden müssten, wenn eine Abhängigkeit zwischen Kauf und Bau dergestalt besteht, dass tatsächlich eine unabdingbare Verknüpfung besteht, das heißt eine Vereinbarung mit der Wirksamkeit und Durchführung der anderen steht und fällt.

Das Ergebnis dieser Entscheidungen ist für Sie bedeutsam:

Sobald beide Verträge, Grundstücks- und Hauskauf, als „wirtschaftliche Einheit“ zu betrachten sind, haben

Sie die Grunderwerbssteuer auf den gesamten Kaufpreis zu zahlen!

Der Notar ist nicht verpflichtet, diesen Umstand zu prüfen. Er weist Sie lediglich darauf hin und übernimmt Ihre Angaben. Das böse Erwachen kommt dann eventuell Jahre später, wenn ein findiger Finanzämtler Nachforschungen anstellt.

Gerade in kleineren Städten oder bei großen Wohnsiedlungen sind Bauunternehmer und ursprünglicher Grundstückseigentümer miteinander bekannt und haben auch schon das ein oder andere Geschäft miteinander getätigt - und seien Sie sicher: Über kurz oder lang weiß das auch Ihr Finanzamt.

Ich kann Ihnen in diesem Zusammenhang nur wärmstens die Seiten der Rechtsanwaltskanzlei Heinicke zu diesem Thema empfehlen (siehe Linksammlung).

Mein Tipp:

Folgende Indizien weisen auf einen engen sachlichen Zusammenhang zwischen Grundstücks - und Hausvertrag hin und führen unter Umständen dazu, dass die Grunderwerbssteuer auf die Gesamtsumme zu entrichten ist:

1.
Hausvertrag wurde vor Beurkundung des Grundstückskaufvertrages geschlossen und Verkäufer und Bauunternehmer sind identisch

2.
bei „zeitgleichem" Abschluss beider Verträge (z.B. aufeinander folgende notarielle Urkunden)oder , wenn Verkäufer und Bauunternehmer zwar verschiedene Personen, aber miteinander „wirtschaftlich, personell oder gesellschaftsrechtlich" eng verbunden sind

3.
bei Vorliegen eines „faktischen Zwangs" - wenn im Grundstückskaufvertrag ausgeschlossen ist, dass Sie Ihr Bauobjekt durch einen selbst gewählten Bauunternehmer errichten lassen können

4.
bei „vorheriger Absprache". Diese ist im Einzelfall schwer nachzuweisen. Sie kann z.B. vorliegen, wenn der Bauunternehmer zugleich Gemeinderatsmitglied ist und dem Bauern Herrn Strohmann anbietet sein Ackerland als wertvolles Bauland auszuweisen, wenn dieser im Gegenzug nur an Personen verkauft, die mit ihm einen Bauvertrag abschließen. Offensichtlich wird ein solches Vorgehen aber dann, wenn sämtliche Häuser in solch einem Baugebiet durch denselben Bauunternehmer errichtet werden.

5.
und schließlich die „Hinnahme eines von der Veräußererseite vorbereiteten Geschehensablaufes". Wenn also der Grundstücksverkäufer Sie zwar nicht schriftlich bindet mit ihm einen Hausvertrag abzuschließen, aber Ihnen fast zeitgleich einen konkret auf die vorliegenden Grundstücksverhältnisse bezogenen Hausvertrag vorlegt heißt es: Aufgepasst!

Sprechen Sie Ihren Bauunternehmer oder Ihren Grundstücksverkäufer gezielt auf diese Umstände an, falls Sie eine solche „Zusammenarbeit" vermuten.

Lassen Sie sich in diesem Zusammenhang unbedingt von einem Fachmann beraten bzw. sprechen Sie mit Ihrem Notar über diese Problematik um später finanzielle Schäden zu vermeiden.

Der „Baugrundgutachten-Trick"

Sehr populär ist mittlerweile die Serviceleistung „Baugrundgutachten". Diese wird meist von der Baufirma inklusive angeboten. So weit so gut.

In der Regel ist dieser „Berater" aber öfters für den Bauunternehmer tätig. Ob er dann im gewissen Grade parteiisch begutachtet - nun, bleiben Sie auf jeden Fall skeptisch.

Es kann aber schon mal vorkommen, dass der Gutachter mitunter sehr großzügige Sicherungsmaßnahmen (gegen drückendes Grundwasser, Hanglage etc.) angeraten hat. Diese Leistungen sind vorher natürlich nicht

Gegenstand des Hausvertrages und werden dann nachberechnet. Ob diese Mehraufwendungen dann wirklich notwendig sind, lässt sich von einem Laien kaum beurteilen. Zudem dann gern mit Horrorszenarien wie überfluteten Kellern, unterspülten Bodenplatten und zentimeterstarken Wandrissen fabuliert wird.

Ein beliebtes Spiel der Baufirmen, um die Gewinnmarge nach oben zu treiben: Wenn der Bauvertrag erst einmal unterschrieben ist, wird auf einmal bekannt, dass eine so-genannte weiße Wanne zur Abdichtung gegen drückendes Wasser erforderlich ist, und die kostet dann auf einmal 8.000 Euro Mehrpreis. Verhandelt werden kann das kaum, da der Vertrag ja bereits geschlossen ist.

Dies führt dann oft zu erheblichen Mehrbelastungen. Am besten Sie rufen dann, wieder mal, Ihren Finanzierer an.

Mein Tipp:

Ein Baugrundachten ist wichtig und richtig: Es gibt Planungssicherheit, verhindert baugrundbedingte Baustillstände, ermöglicht eine sichere und wirtschaftliche Gründung und erspart in der Regel mehr als es kostet.

Lassen Sie sich, wenn möglich, den Betrag gutschreiben und wählen sich einen unabhängigen Sachverständigen. Prüfen Sie Ihr Grundstück **vor** dem Kauf auf Bebaubarkeit und etwaige Belastungen. Lieber eine kleine Investition vorab, als hinterher eine Anschlussfinanzierung. Meist können Sie hier mit dem Bauunternehmer verhandeln.

Der „Kalkulations-Trick"

Ob Sie es glauben oder nicht:

Ein und dasselbe Projekt kann man bequem mit mehreren Tausend Euro Preisunterschied kalkulieren.

In der Praxis ist es meist so, dass für den „normalen" Häuslebauer die monatliche Belastung der Finanzierung entscheidend ist. Demzufolge hat unser Bauunternehmer natürlich ein Interesse das gesamte Projektvolumen und demzufolge die monatliche Rate so niedrig wie möglich zu halten.

So kann man die Kosten für die Außenanlage mit 2.000 € ansetzen oder mit 10.000,- €. Je nachdem, ob Ihnen normaler Rasen reicht oder Sie Ihre teuren japanischen Koi-Fische in frischem Quellwasser beobachten möchten.

Auch den Wert der Eigenleistungen und Baunebenkosten kann man innerhalb eines gewissen Rahmens spielend nach unten oder oben verschieben. Der Hauskunde, der meist keinerlei Erfahrungen auf diesem Gebiet hat, muss sich dabei auf die Erfahrungswerte des Bauunternehmers verlassen. Und da fängt das Problem an.

So kann allein ein Container mit Baustellenabfällen, je nach Region, schnell mal 800-1.000 € kosten. Wenn dann unter der Position „Baunebenkosten" nur 2.000 € kalkuliert sind, ist der Ärger, sprich die Finanzierungslücke, vorprogrammiert.

Mein Tipp:

Holen Sie **vor** Vertragsabschluss alle relevanten Preise ein und erstellen Sie sich einen eigenen Budgetplan.

Gehen Sie bei der Erstellung akribisch vor.

Kaufen Sie ein Stück Erbeertorte, oder backen Sie selbst. Gehen Sie dann zum Nachbarn in spe und erkundigen Sie sich nach seinen Erfahrungen bzgl. zu erwartender Kosten. Glauben Sie mir, der Kuchen ist nach diesem Buch die zweitbeste Investition bei Ihrem Bauvorhaben!

Legen Sie besonderes Augenmerk auf die Anschlusskosten, erkundigen Sie sich hierzu bei den örtlichen Versorgungsträgern.

Sei`n Sie nicht bequem! Verlassen Sie sich in diesen Punkten nicht nur auf die Aussage der Baufirmen.

Recherchieren Sie selbst nach!

Keiner übernimmt eine Garantie für eine falsche Projektkalkulation und der Dumme sind am Ende - genau - Sie!

Der „kleine Raten-Trick"

Wie im vorhergehenden Trick angedeutet, machen viele Bauherren Ihre Kaufentscheidung von einer günstigen Finanzierungsrate abhängig. So kommt es oft vor, dass Qualität und Ausstattung eines Hauses in den Hintergrund treten, entscheidend ist dann nur noch die monatliche Belastung.

Das haben findige Bauunternehmen natürlich erkannt und ködern Bauherren mit entsprechend „bezahlbaren" Finanzierungen.

Meist wird dem dankbaren Häuslebauer ein kompetenter Finanzierungspartner empfohlen, der dann auch überraschend schnell ein Angebot unterbreitet.

Und schon haben Sie einen weiteren neuen guten „Freund", der Sie eine ganze Weile lang begleiten wird.

In der Regel meldet sich dann bei Ihnen Ihr „neuer Freund" folgenden Typs:

1. der Bankberater
2. der Bausparberater
3. der Versicherungsberater
4. der unabhängige (Honorar)-Berater

An dieser Stelle wäre es falsch pauschal die eine Finanzierungsvariante einer anderen zu bevorzugen.

Fakt ist, dass sehr oft, wirklich sehr oft!, falsch beraten wird. Und das bei jeder Finanzierungsart.

Ok, ich gebe zu: Die Ermittlung des genauen Kapitalbedarfs, eine ausgiebige Bonitätsprüfung, realistische Objektanalyse sind ein sehr komplexes Thema - dies rechtfertigt aber noch lange nicht diese Fehlerhäufigkeit bei professionellen Kreditanbietern.

Ich empfehle Ihnen in diesem Zusammenhang die Lektüre der Testberichte Bauen + Finanzieren von der Stiftung Warentest.

So, wo ist aber hier nun der Trick an der ganzen Sache?

Ich sag's Ihnen:

Sie möchten zum Beispiel 150.000,- € finanzieren.

Abhängig von Laufzeit, Zinshöhe und weiterer Faktoren, kann man diesen Betrag auf sehr unterschiedliche Art und Weise finanzieren. Die entsprechenden monatlichen Raten können dann natürlich erheblich abweichen. Das Gemeine daran ist, dass die Finanzierung mit der kleinsten Rate nicht unbedingt die günstigste ist.

Leider habe ich die Erfahrung gemacht, dass viele Häuslebauer:

1. froh sind, überhaupt eine Finanzierung zu bekommen
2. die Raten um (fast) jeden Preis so gering wie möglich halten möchten

Und dabei werden dann Bedingungen akzeptiert, die meist erst einige Jahre später richtig wehtun.

Ich möchte Ihnen den beliebten „Trick" zeigen, ein Objekt mittels eines Bausparvertrages zu finanzieren, um die monatliche Belastung so klein wie möglich zu halten:

Um sofort Ihre Immobilie finanzieren zu können benötigen Sie eine Zwischenfinanzierung, die Ihnen bei entsprechender Bonität gern von Ihrer Bausparkasse gewährt wird. Für diese Finanzierung zahlen Sie nur die Zinsen, da Sie ja zeitgleich einen Bausparvertrag abschließen, der dann später mal dieses Zwischendarlehen ablösen soll.

Gewählt wird hierbei die niedrigste mögliche Bausparrate, welche eine geradezu verführerisch niedrige monatliche Finanzierungsrate bewirkt.

Ich erspare Ihnen jetzt eine detaillierte Erklärung, welche Abenteuer Sie noch bis zur Zuteilung durchstehen müssen und verweise nur auf die sehr interessanten Links zu diesem Thema am Ende des Buches.

Den günstigen Bausparzins nach Zuteilung zu nutzen, das eigentliche Ziel, wird erst nach sehr langer Zeit erreicht. Um diese Zuteilung zu bekommen muss der Bausparvertrag mit einer gewissen Summe „angespart" sein - in der Regel zwischen 25-50% - und zudem noch gewisse andere Kriterien erfüllen (Stichwort Mindestbewertungszahl usw.).

Mit der kleinsten gewählten Ansparrate dauert das wiederum sehr lange.

Und in dieser Zeit bis zur Zuteilung bezahlen Sie die natürlich teuren Zinsen für die Zwischenfinanzierung. Zudem sind diese Zinsen oftmals nur für einen gewissen Zeitraum festgeschrieben. Nach Auslauf der Festschreibungszeit drohen auch hier böse Überraschungen.

Weitere anfallende Kosten, wie Gebühren, Versicherungen, Bausparkassenzeitungen(?!), lassen diese Finanzierungsvariante noch mehr unattraktiv werden.

Mein Tipp:

Ich möchte das Bausparen nicht allgemein schlecht reden. Es bietet unter gewissen Bedingungen auch Vorteile. Leider treffen diese Bedingungen nur in den wenigsten Fällen zu.

Darum bitte ich Sie, die Finanzierung über eine Bausparkasse von einem unabhängigen Berater eingehend prüfen zu lassen, ob diese für Ihr persönliches Vorhaben vorteilhaft ist.

Lassen Sie sich, generell bei Finanzierungen, eine detaillierte Zahlungsübersicht erstellen. Die von den Banken erstellten Tilgungspläne sind mitunter schwer verständlich.

Lesen Sie das Kleingedruckte! Ich weiß, das ist nervend und zeitraubend. Tun Sie`s trotzdem und lassen Sie sich komplizierte Formulierungen erklären!

Hausfinanzierungen gehen meist über einen langen Zeitraum. Somit summieren sich kleine monatliche Einsparungen im Laufe der Zeit zu gewaltigen Beträgen!

Und, bitte, bitte:

Nehmen Sie nicht jeden Wald-und Wiesenmöchtegernfinanzierer. Gerade auf diesem Markt tummeln sich auch sehr viele selbsternannte und unabhängige „Finanzoptimierer".

Lassen Sie sich Referenzen, Ausbildungen etc. zeigen, denn hier geht's schließlich um IHR Geld!

Scheuen Sie sich nicht nachzufragen und verlangen Sie gegebenenfalls verständlichere Unterlagen. Am übersichtlichsten sind Darlehen mit einer gleich bleibenden Rate bis zur vollständigen Tilgung, aber gerade hier gibt es in letzter Zeit viele neue Finanzierungsformen.

Letztendlich ist es Ihre persönliche Entscheidung und hängt auch etwas mit der „Risikobereitschaft" jedes Einzelnen zusammen.

Der „Aufpreis-Trick"

Sehr beliebt, ich meine wirklich **sehr beliebt**, ist diese Praktik:

Sie haben ein passendes Haus gefunden, der Preis stimmt und die Ausstattung entspricht Ihren Wünschen. Wären da nur noch ein paar Kleinigkeiten.

Die Wand im Schlafzimmer etwas nach rechts und vielleicht noch ein paar Jalousien im Erdgeschoss. Wenn Sie genau hinschauen, bemerken Sie das kurze Aufleuchten in den Augen Ihres Bauunternehmers verbunden mit der Bemerkung, dass dies natürlich überhaupt kein Problem sei.

Sollte dann das Nachtragsangebot eintreffen, empfehle ich Ihnen einen sturzsicheren Sitzplatz. Legen Sie sich einen kalten Waschlappen für den ersten Schock bereit, sicherheitshalber.

Wenn Sie das Angebot vor Vertragsunterzeichnung verlangt haben: Glückwunsch, es wird vielleicht nicht ganz so schlimm. Falls nicht: Vereinbaren Sie schon mal einen Termin mit Ihrer Bank.

Worum geht's genau?

Nun, die „Standard"-Ausführung ist meist mehr als günstig, aber wehe, Sie wollen auch nur etwas Flexibilität.

Da der Konkurrenzdruck sehr hoch ist, versuchen die Firmen zunächst einmal die potenziellen Kunden an den Tisch zu bekommen. Dies geschieht meist mit günstigen Lockvogelangeboten (siehe Katalog-Trick).

Nun soll aber auch für die Baufirma noch genug übrig bleiben.

Eine wichtige Einnahmequelle sind dabei die Mehrleistungen. Mir ist aus meiner Praxis kaum ein Haus bekannt, welches wirklich 1:1 so gebaut wurde, wie ursprünglich mal im Katalog oder Angebot angepriesen. Jeder Kunde möchte etwas Individualität - und die soll er gefälligst auch, oft teuer, bezahlen.

Mir sind Fälle bekannt, da kostete das bloße planerische(!) Versetzen einer nicht tragenden Innenwand über 800 €. Geschätzter Mehraufwand: 5 Minuten.

Oder die Vergrößerung des Dachüberstandes von 20cm (an sich schon eine Frechheit solche Maße anzubieten) auf 50cm: 2.750,- €!

Die Auflistung solcher überteuerter Mehrleistungen würde ein weiteres Buch füllen!

Ein kleiner „Untertrick“ dabei:

Gern wird bei diesen Preisangeboten mit großzügigen Rabatten um sich geworfen. Sie bekommen dann, „aber nur, wenn Sie heute unterschreiben!“, das bodentiefe Fenster für 1.300 € statt für regulär 2.000€!

Ist doch toll oder?

Nur nebenbei: Bei vielen Haussystemen kostet eine solche „normale“ Fenstervergrößerung durch wegfallendes Wandmaterial der Baufirma fast nichts.

Wenn Sie das aber nicht wissen freuen Sie sich womöglich noch und unterschreiben sogleich …

Interessant ist auch der Fall etwaige auftretende Minderleistungen zu regeln:

Sie haben z.B. bei Fliesen, Fußboden etc. Angaben zu den enthaltenen Materialpreisen.

Was ist aber, wenn Sie diese nicht ausschöpfen?

Ohne gesonderte Regelung findet dies weiter keine Beachtung - und der Bauunternehmer freut sich.

Hierzu gibt es auch ein interessantes Urteil des OLG Köln (OLG Köln, Beschluss vom 05.07.1973, Az: 10 W 17/73), welches den Unternehmer verpflichtet, eine nachprüfbare Rechnung auszustellen. Diese soll es dem Besteller ermöglichen, die entsprechende Rechnung auf sachliche und rechnerische Richtigkeit zu prüfen. Tut der Unternehmer dies nicht, steht Ihnen ein Zurückbehaltungsrecht hinsichtlich des geforderten Rechnungsbetrages zu.

Leider findet man gerade in den üblichen Baubeschreibungen und Nachtragsangeboten hierzu nur sehr schwammige Formulierungen bzw. sie fehlen ganz.

Mein Tipp:

Seien Sie sich im Vorfeld über die Ausstattung Ihres Hauses im Klaren und verhandeln Sie vor Vertragsabschluss **alle** Extras.

Denken Sie immer an das *„Dr.Jekyll/Hyde"* Syndrom! (Das war der liebe Herr, der nach der Verwandlung groß, grün und böse war.)

Vor Vertragsabschluss ist der Bauunternehmer Ihr Freund und Helfer. Danach: *„Gestatten, Mister Hyde"*.

Das beliebte „das können wir später noch klären" wird dann sehr teuer. Meist sind in den Zusatzleistungen hohe Extraprovisionen für die Hausverkäufer enthalten - hier gibt es einigen Verhandlungsspielraum.

Nehmen Sie sich also vor Vertragsschluss die Zeit und machen Sie sich eine genaue Vorstellung, was Sie eventuell ändern oder ergänzen möchten.

Vergleichen Sie hierzu die Preise mehrerer Anbieter. Gehen Sie gut vorbereitet in die Verhandlungen mit Ihrem Bauunternehmer. Er wird sich dann hüten, Ihnen irgendwelche „Mondpreise" zu nennen.

Lassen Sie in die Baubeschreibung eine Regelung für nicht ausgeschöpfte Leistungen hinein formulieren.

Lassen Sie sich das Recht einräumen, diese Beträge auf andere Gewerkeleistungen zu „übertragen".

Fordern Sie hierzu transparente und nachvollziehbare Leistungsaufstellungen.

Hinweis:
Wenn der Bauträger nicht imstande ist, Ihnen Nachtragsangebote vorzulegen, die Sie von oben bis unten überprüfen können, und, wenn Sie die Angebote nicht unterzeichnen, einfach die im zuvor abgeschlossenen Bauvertrag vereinbarte Standardausführung einbaut, dann verletzt er eine aus dem Vertrag mit Ihnen resultierende Nebenpflicht (§ 241 Abs. 2 BGB). Dies hätte zur Folge, dass er sich schadenersatzpflichtig machen würde (gemäß § 282 BGB) - er müsste dann z.B. die Kosten für die notwendigen Umbauten tragen - und, wenn die Folgen seines vertragswidrigen Verhaltens sehr gravierend wären und Ihnen ein Festhalten am Vertrag daher nicht mehr zumutbar wäre, dürften Sie sogar vom Vertrag zurücktreten (§ 324 BGB).

Hierauf sollten Sie den Bauträger hinweisen. Sollte er sich trotzdem uneinsichtig zeigen, dann sollten Sie einen Rechtsanwalt einschalten, der Ihre Interessen dem Bauträger gegenüber vertritt.

Der „Ausstattungs-Trick"

Sie erhalten eine wunderschöne Standardausstattung mit qualitätsgeprüften Markenartikeln!

Und? Alles klar? Hört sich gut an und sagt rein gar nichts aus.

Auch sehr beliebt: „handelsübliche Ausführung", „hochwertig", „exklusiv", „formschön".
Freuen Sie sich nun auf eine hochwertige Körperformwanne aus Acryl mit Schürze oder auf eine Stahlwanne mit sichtbaren Füßen?

Gute Vollholztüren oder eher einfache Röhrenspantüren aus dem Baumarkt?

Beides kann eine „schöne Zimmertür aus Holz" sein.

Fakt ist: Es gibt keine exakte Definition für den Begriff „Standard". Zugegeben, Sie werden in Ihrem Bad keinen Holzzuber und auf Ihrem Hof keinen Pumpenschwengel in Kauf nehmen müssen, aber die Unterschiede können beträchtlich sein.

Ich möchte Ihnen die Problematik an einem, leicht übertriebenen, Beispiel verdeutlichen:

Kaufen Sie ein Auto nach dem Prospekt (mehr ist es ja beim Haus auch nicht). Dort sehen Sie unter den Ausstattungsmerkmalen, dass ein Gurt vorhanden ist. Selbstverständlich denken Sie: „Ok, super, diesen Punkt gedanklich abhaken".

Bei der Lieferung erfahren Sie dann, dass es keineswegs ein Automatikgurt (bei Ihrem Haus eine - sagen wir einbruchssichere, wärmegedämmte, vollautomatische, Fensterjalousie) ist, sondern noch ein einfacher Gurt der 1. Generation (ist ja zulässig - das wäre in dem Jalousiebeispiel ein einfacher Rollladen mit Strick).

Der Unterschied ist schon beträchtlich. Abgesehen davon, dass Sie dann bei bodentiefen Fenstern vorher etwas trainieren sollten um die Jalousie nach oben zu ziehen.

Um bei dem Beispiel zu bleiben: Es geht ja nicht darum, dass der Automatikgurt mit einem zusätzlichen Rückhaltesystem ausgestattet ist (das wäre in unserem Beispiel eine Zeitsteuerung für die Jalousie), sondern einem Mindeststandard entspricht, den man als Käufer / Bauherr erwarten kann.

Sehr oft ist auch die Formulierung „oder gleichwertig" zu lesen.

Diese Formulierung taucht in vielen Leistungsbeschreibungen auf und garantiert im Streitfall erheblichen Diskussionsbedarf.
Durch diesen Begriff kann man leicht die detaillierte Beschreibung eines Materials/Bauteils „aushebeln". In wieweit ein Produkt gleichwertig ist, ist immer Ansichtssache, liegt im billigen Ermessen und ergibt oftmals Streitigkeiten zwischen Auftraggeber und Auftragnehmer.

Mein Tipp:

Besprechen Sie vor Vertragsabschluss alle Ausstattungsdetails. Lassen Sie sich die verbauten Herstellermarken nennen und streichen Sie „oder gleichwertig" aus dem Vertrag.

Recherchieren Sie selbst die Qualitätsmerkmale der verwendeten Produkte. Das ist zeitaufwendig und wird Ihren Berater nerven - vermeidet aber Ärger im Nachgang.

Alternativ besteht auch die Möglichkeit sich eine Baubeschreibung nach den eigenen Wünschen von einem Fachmann erstellen zu lassen und diese als „Angebotsgrundlage" dem Bauunternehmer zu geben.

Der „Schlüsselfertig-Trick"

Eng verwandt mit unserem vorangegangenen Trick ist dieser.

Und hochinteressant dazu. Denn ähnlich wie bei dem Begriff „Standard" verhält es sich mit der Definition von „schlüsselfertig": Es gibt keine!

Da sind wir schon bei unserem, oder besser gesagt: Ihrem Problem.

In den meisten Fällen haben Sie bei der schlüsselfertigen Bauweise wirklich die Chance mit dem neuen Schlüssel die niegelnagelneue Haustür zu öffnen. Im Großen und Ganzen sieht es auch innen fast wie ein fertiges Haus aus. Aber eben nur fast.

Denn „schlüsselfertig" heißt noch lange nicht bezugsfertig. Und auch bezugsfertig bedeutet nicht unbedingt, dass Ihr neues Eigenheim komplett fertig ist.

Unter Umständen ist es bis zu unserem Bauherrn schon durchgedrungen, dass die Fußboden- und Tapezierarbeiten nicht mit dabei sind. So weit, so gut. Aber auch hier gibt es schon kleine aber feine Unterschiede:

So ist es schon ein beachtlicher Mehraufwand, wenn die Innenräume noch nicht verspachtelt und verschliffen sind. Grüßen Sie schon mal Ihre Lunge von mir, wenn Sie vorhaben es selber zu machen. Von dem enormen Zeitaufwand möchte ich erst gar nicht reden.

Ist diese Arbeit noch mit viel Eigeninitiative kostengünstig zu realisieren, wird es bei fehlenden Fliesenbelägen in den Nassräumen schon gefährlich. Denn das wird zu dem noch teuer.

Oft fehlt auch die Duschabtrennung, die mal schnell mit bis zu 800 € zu Buche schlagen kann. Mir sind auch Fälle zu Ohren gekommen, in denen selbst die Treppe zum Obergeschoss nicht enthalten war. Aber gut, dafür gibt's ja günstige Stehleitern im Baumarkt.

Wie wär's mit Innentüren? Eine feine Erfindung, aber auch die sind selbst in „schlüsselfertigen" Häusern mitunter nicht enthalten.

Sehr gefährlich ist auch der Begriff „ausbaufähiges Dachgeschoss/Spitzboden" oder „zum Ausbau vorbereitet". Dies kann auch alles und nichts bedeuten. Bei dem einen finden Sie nur verstärkte Dachbinder, wohingegen beim nächsten schon Verlegeplatten und Anschlussleitungen vorhanden sind.

Um es auf die Spitze zu treiben:

Im Extremfall bekommen Sie eine wind- und wetterfeste Gebäudehülle mit Haustür inklusive Schlüssel. Die enthaltenen weiteren Leistungen reichen dann vom Rohbau bis hin zu installierten Lampen.

Diese Liste ließe sich noch beliebig fortsetzen ich denke, Sie haben diesen Trick verstanden.

Mein Tipp:

Bestehen Sie auf eine detaillierte Baubeschreibung. Verlangen Sie gegebenenfalls eine Ausführungsplanung vom Architekten.

Lassen Sie sich den Wandaufbau, die Installationspläne und enthaltenen Leistungen genau definieren. Auch das ist viel Arbeit und kostet Zeit - aber es lohnt sich.

Gerade wenn es um den Vergleich mehrerer Anbieter geht, achten Sie auf eine einheitliche Ausstattung. Stichwort: „Äpfel und Birnen".

Der „Zertifikat-Trick"

„Nomen est omen" sagte schon der alte Plautus - und er hatte recht. Ich gehe nicht davon aus, dass er dabei an uns Bauunternehmer dachte, die Redensart ist aber aktueller denn je.

Oder ist es nicht etwa beeindruckend, wenn Ihnen auf dem Hochglanzprospekt der Hausfirma tolle beeindruckende Siegel, Stempel und Prüfnummern entgegenleuchten?

Auch hier möchte ich wieder betonen, dass die meisten Verbände & Institutionen sehr gewissenhaft mit der Vergabe solcher Prädikate umgehen.

Wie so oft gibt es aber auch hier Grauzonen.

So weiß ich aus der eigenen Praxis, dass gewisse Materialprüfanstalten sehr freizügig mit der Vergabe ihrer Prüfsiegel umgehen.

So lief in den mir bekannten Fällen das Ganze dann meist so ab:

Für die Güteprüfung des verwendeten Wandbetons im Herstellerwerk wurde ein Vor-Ort Termin vereinbart. Dauer 2-3 Tage. Fahrtkosten und Hotel natürlich vom Werk bezahlt. Nur nebenbei: Man hätte den Prüfwürfel von der Größe 20x20x20cm auch ins Werk bringen können, aber dann wäre aufgrund der Zeitersparnis eventuell eine Planstelle in der Prüfanstalt überflüssig geworden.

Gut, also unser netter Doktor von der Prüfstelle ist nun vor Ort und bespricht mit den Werksvertretern bei viel gutem Essen und noch mehr guten Getränken die Qualität ihrer Betonwürfel.
Der Geschäftsführer des Werkes versichert, nur ausgesuchte und qualitätsgeprüfte Zuschlagstoffe zu verwenden. Da alles ehrenwerte Geschäftsleute sind notiert sich das unser Prüfer ohne weitere ernsthafte Kontrolle und fährt dann am nächsten Tag, nach einem natürlich wiederum reichhaltigen Frühstück, nach Hause.

Das Ergebnis ist dann die Erteilung eines Prüfsiegels und unsere Hausfirma kann dann mit dem Slogan werben: „Unser Haus besitzt das anerkannte Prüfsiegel der deutschen Materialprüfanstalt XY" !

Toll, nicht?

Für unseren Häuslebauer hört sich das natürlich beeindruckend an, denn er weiß ja nicht, dass lediglich ein kleines Stück Beton auf Druckfestigkeit geprüft wurde. Was mit dem Rest seines Hauses ist: Nun, wir drücken mal die Daumen.

Mein Tipp:

Auch hier gilt: Prüfen Sie gegebenenfalls selbst, nach welchen Kriterien die jeweiligen Zertifikate vergeben werden. Einzelne Produktprüfungen sagen noch nicht`s über die Objektqualität als Ganzes aus.

Insbesondere sagt die zertifizierte Qualität nicht`s über den, hoffentlich, fachmännischen Einbau in Ihrem Haus aus.

Weitere Informationen hierzu finden Sie bei den entsprechenden Verbänden und Prüfanstalten.

Der „DIN-Trick"

Ok, ich gebe es zu: Dies ist kein Trick im Sinne dieses Buches. Da es aber immer wieder Diskussionen um die DIN gibt möchte ich Ihnen ein paar interessante Aspekte nicht vorenthalten.

Welche Bedeutung haben DIN-Normen?

Zitat aus: Seminarunterlage Prof. Dr.-Ing. habil. Claus Meier für Architektenkammer Berlin November 1998:

„Die DIN-Normen sind keine Rechtsnormen, sondern private technische Regelungen mit Empfehlungscharakter. Sie können die anerkannten Regeln der Technik wiedergeben oder hinter diesen zurückbleiben. Nach BGH kommt es auf die Einhaltung der anerkannten Regeln der Technik an. Diese dürfen keineswegs mit den DIN-Normen identisch gesetzt werden.

Die Mangelfreiheit kann nicht ohne weiteres einer DIN-Norm entnommen werden. Maßgebend ist nicht, welche DIN-Norm gilt, sondern ob die Bauausführung zur Zeit der Abnahme den anerkannten Regeln der Technik entspricht."

Zusammengefasst: Auch wenn das Bauunternehmen nach der DIN baut, kann ein Mangel bestehen, wenn die Ausführung nicht den anerkannten Regeln der Technik entspricht.

Und es kommt noch besser in folgendem Urteil:

Bundesverwaltungsgericht, Aktenzeichen 4C 33-35/83 Fundstelle: NJW Neue juristische Wochenschrift, Jg.

1987, Heft 45, Seite 2888

Quelle: Raimund Probst/Claus Meier

Auszug:

"Abgesehen davon darf der Erkenntniswert von DIN-Normen nicht überbewertet werden. Technische Regelwerke des Deutschen Instituts für Normung e.V. dienen in erster Linie der Standardisierung von Produkten im Interesse ihrer Einheitlichkeit, Vergleichbarkeit, Austauschbarkeit. Darüber hinaus kommt ihnen praktische Bedeutung für die Vereinheitlichung behördlicher Anforderungen an Qualität und Sicherheit von Materialien, Bauwerken und dergleichen im Interesse der Gleichbehandlung und Verfahrensvereinfachung zu.

Die Normenausschüsse des Deutschen Instituts für Normung sind so zusammengesetzt, dass ihnen der für ihre Aufgabe benötigte Sachverstand zu Gebote steht. Daneben gehören ihnen aber auch Vertreter bestimmter Branchen und Unternehmen an, die deren Interessenstandpunkte einbringen. ***(aha!)***

Die Ergebnisse ihrer Beratungen dürfen deswegen im Streitfall nicht unkritisch als "geronnener Sachverstand" oder als reine Forschungsergebnisse verstanden werden.

Zwar kann den DIN-Normen einerseits Sachverstand und Verantwortlichkeit für das allgemeine Wohl nicht abgesprochen werden. Andererseits darf aber nicht verkannt werden, dass es sich dabei auch um Vereinbarungen gewisser Kreise handelt, die eine bestimmte Einflussnahme auf das Marktgeschehen bezwecken. ***(und noch mal : aha!)***

Den Anforderungen, die etwa an die Neutralität und Unvoreingenommenheit gerichtlicher Sachverständiger zu stellen sind, genügen sie deshalb nicht."

Die Kernaussage hierbei:

DIN-Normen sind "Vereinbarungen gewisser Kreise [...], die eine bestimmte Einflussnahme auf das Marktgeschehen bezwecken."

Selbst in den "Hinweisen für den Anwender von DIN-Normen" der DIN-Taschenbücher, Beuth-Verlag ist Folgendes nachzulesen:

"DIN-Normen sind nicht die einzige, sondern eine Erkenntnisquelle für technisch ordnungsgemäßes Verhalten im Regelfall. [...] Durch das Anwenden von Normen entzieht sich niemand der Verantwortung für eigenes Handeln. Jeder handelt insoweit auf eigene Gefahr"

Verstehen Sie mich richtig, ich will den DIN-Normen nicht ihre Notwendigkeit und ihren guten Ruf absprechen, ein Blick „hinter die Kulissen" lohnt aber allemal. Insbesondere „eingenormte" oder industrieabhängige Gutachter und andere „Schreibtischtäter" verkehren den eigentlichen Zweck der DIN nicht selten ins Gegenteil.

Mein Tipp:

Nehmen Sie nicht alles ungefragt hin, was in der DIN steht oder Ihnen vom Gutachter angeraten wird.

Bleiben Sie misstrauisch und recherchieren Sie selbst nach. Interessant sind hier sicherlich Referenzen und erstellte Gutachten - prüfen Sie diese auf eine verdächtige Nähe zu bestimmten Produkten oder Herstellern.

Mit der Erwähnung bestimmter DIN-Normen oder Begriffen wie "Niedrigenergiebauweise nach Energiesparverordnung" wird Ihnen gern der objektive Blick „vernebelt". Das betrifft insbesondere Wärme- und Schallschutz. Prüfen Sie daher, ob damit nicht nur gesetzliche Mindeststandards eingekauft wurden.

So ist zum Beispiel der Schallschutz gemäß DIN 4109 das absolute Minimum. Er reicht aber nicht aus, um in einem Reihenhaus vom Kinderlärm der Nachbarn verschont zu bleiben.

Für weitere Informationen kann ich Ihnen nur wärmstens die Seiten von Konrad Fischer empfehlen. Den Link finden Sie am Ende des Buches.

Der „Energiespar-Trick"

Jetzt wird's wissenschaftlich, liebe Leser. Ich erspare Ihnen bewusst einen Vortrag über U-Wert-Parabeln und Auszüge aus dem *Lichtenfelser Experiment*, so viel aber sei gesagt:

Ein guter Wärmeschutz besteht aus Dämmung **und** Speicherung. Da dem herkömmlichen Dämmstoff aber das Speichervermögen fehlt bringt es gar nichts, die Hauswände mit Dämmung auf Teufel komm raus vollzustopfen.

Ein Beispiel hierzu:
Eine Verdopplung der herkömmlichen Dämmung von 5 cm auf 10 cm bringt lediglich eine Verbesserung des U-Wertes von 0,8 W/m²K auf 0,4 W/m²K – **also 100% mehr Dämmung bringen nur 50% verringerten Wärmeverlust.**
Zur Info: der U-Wert eines Bauteils beschreibt dessen Wärmeverlust unter stationären, d. h. zeitlich unveränderlichen Randbedingungen.

Die mittlerweile geforderten kleinen U-Werte erfordern also eine enorme Massierung von Dämmstoff um erreicht bzw. weiter gesenkt werden zu können – ineffizient und unverhältnismäßig! Die Einzigen, die sich hierbei freuen sind die Dämmstoffhersteller!

Mein Tipp:

Auch die viel gerühmte Energieeinsparverordnung (ENEV) gilt es ernsthaft zu hinterfragen. Und sie ist kein Dogma wie der in der EnEV enthaltene § 17 "Befreiungen" beweist:

"Die nach Landesrecht zuständigen Stellen können auf Antrag von den Anforderungen dieser Verordnung

befreien, soweit die Anforderungen im Einzelfall wegen besonderer Umstände durch einen unangemessenen Aufwand oder in sonstiger Weise zu einer unbilligen Härte führen. Eine unbillige Härte liegt insbesondere vor, wenn die erforderlichen Aufwendungen innerhalb der üblichen Nutzungsdauer, bei Anforderungen an bestehende Gebäude innerhalb angemessener Frist durch die eintretenden Einsparungen nicht erwirtschaftet werden können".

In Bayern gibt es sogar noch eine "Zuständigkeits- und Durchführungsverordnung EnEV" (ZVEnEV), die im § 9 die Zuständigkeit und Durchführung des § 17 EnEV (Befreiungen) regelt. Dieser § 9 in der ZVEnEV lautet:

"Das Vorliegen der Voraussetzungen für eine Befreiung wegen besonderer Umstände, die durch unangemessenen Aufwand zu einer unbilligen Härte führen, muß von einem Sachverständigen im Sinn des § 2 Abs. 1 bescheinigt werden"

Rechnen Sie Ihr Haus also mit einem entsprechenden Experten genau durch und dämmen Sie nicht bis zum Umfallen - **auf den Energieverbrauch und nicht auf den Energiebedarf eines Hauses kommt es an!**
Auch hier möchte ich Sie wieder auf die Seiten des von mir hochgeschätzten Konrad Fischer verweisen, der einige sehr interessante und wegweisende Artikel zu diesem Thema verfasst hat.

Der „Eigenleistungs-Trick"

„Toll, damit können Sie jede Menge Geld sparen!". Spätestens dann, wenn Ihnen Ihr Hausberater das sagt, sollten Sie aufhorchen. Es ist unbestritten, dass man mit der sogenannten Muskelhypothek Geld sparen und Finanzierungslücken schließen kann. Aber auch hier steckt der Teufel wieder im Detail.

Gefährlich wird es dann, wenn durch unsachgemäß ausgeführte Eigenleistungen Verzögerungen und Schäden an anderen Gewerken entstehen. Wer haftet dann für Zeit und Material?

Ohne eindeutige Regelung der Bauherr, denn er muss für eine baufachliche Aufsicht und Betreuung sorgen.

Hinzu kommt, dass die Baufirmen mitunter nur sehr spärliche Nachlässe auf wegfallende Gewerkeleistungen gewähren.

Damit Sie sich hier Klarheit verschaffen können, bleibt Ihnen nichts weiter übrig, als die Baubeschreibung genauestens zu studieren. Wichtig in diesem Zusammenhang sind nicht nur die enthaltenen Leistungen sondern auch und gerade die Leistungen, die nicht enthalten sind!

Leider werden Sie nur selten in Ihrer Baubeschreibung eine übersichtliche Tabelle mit den fehlenden Arbeiten finden. Die vom Bauherrn zu erbringenden Leistungen werden gern mit dem Begriff „bauseitige Arbeiten“ oder kürzer: „bauseits“ definiert.

Zur Verdeutlichung, lieber Bauinteressent: „bauseits“ - das sind Sie!

Meist sind es die bereits aufgeführten Abschlussarbeiten, wie Maler, Tapete, Fliesen usw. die durch den Bauherrn übernommen werden müssen. Aber auch und gerade die bauvorbereitenden Leistungen können beträchtlich ins Geld gehen.

Hierzu zählen solche Leistungen wie Baustrom und Bauwasser, Bautoilette, Standplatz für den Autokran usw.

Mein Tipp:

Analysieren Sie genau, welche Leistungen Sie sich zutrauen, ein Handbuch und ein Tageskurs im Baumarkt sind da zuwenig! Hinterfragen Sie evtl. bei Ihnen bekannten Handwerkern den ungefähren Zeitaufwand.

Treffen Sie mit der Baufirma gegebenenfalls Vereinbarungen zur Betreuung und Haftung. In der Regel empfehle ich als Eigenleistung nur die „Endgewerke“ wie Tapezier- Fußboden und

Fliesenarbeiten auszuführen. Nur fachkundige Bauherren sollten sich an Gewerke trauen, die „zwischen" Leistungen der Baufirma zu erbringen sind.

Denn bei „bauseits" verschuldeten Verzögerungen und Schäden an anderen Gewerken kann es teuer für Sie werden.

Vergleichen Sie den geschätzten Aufwand Ihrer eigenen Arbeitsleistung und Material mit den Erstattungen der Baufirma. Was nützen Ihnen 500 € Ersparnis beim Fliesen im Gegensatz zur fehlenden Gewährleistung, eine Woche eigener Arbeitskraft und Stress mit der Gattin?

Der „Bemusterungs-Trick"

Eine oft anzutreffende Formulierung in der Baubeschreibung ist z.B. folgende:

*„Dabei stehen Ihnen Fliesen bis zu einem **Bruttomaterialpreis von 15,- Euro je m²** zur Verfügung."*

In der Praxis sieht es dann so aus, dass Sie sich mit Ihrem Hausberater oder dem Bauunternehmer zur Bemusterung treffen. Dies kann wahlweise in einem Baumarkt Fachgeschäft oder direkt im hauseigenen Bemusterungszentrum sein.

Dort finden Sie dann eine beeindruckende Auswahl an den Materialien und Produkten, die für Ihr zukünftiges Haus zur Verfügung stehen. Ein freundlicher Mitarbeiter sagt Ihnen dann gern, welche Produkte im Preisumfang Ihrer Baubeschreibung enthalten sind.

Was jetzt kommt, können sich einige von Ihnen sicher denken. Zum einen kann es vorkommen, dass die dort ausgeschriebenen Preise teilweise stark überhöht sind. Zum anderen bekommen die meisten Baufirmen als Großabnehmer ganz andere Preise als diejenigen, die Ihnen präsentiert werden. Ok, das ist normales Geschäft und grundsätzlich ist dagegen nichts einzuwenden.

Aber es ist Ihr Geld!

Wenn man sich dann diese Praxis auf die gesamten Gewerke eines Hauses hochrechnet, kommt ein nettes Sümmchen zusammen. Nun werden Sie hoffentlich nicht auf die Idee kommen, sich jedes einzelne Stromkabel gutschreiben zu lassen um nach einem günstigeren Ausschau zu halten.

Aber bei folgenden Materialien lohnt immer ein eigener Preisvergleich mit anderen Anbietern:

- Fliesen
- Tapeten
- Teppich
- Laminat
- Türen
- Kamin
- Wanne
- Dusche
- WC etc.

Mein Tipp:

Hinterfragen Sie bei Ihrer Baufirma den Ihnen zugebilligten Wert der entsprechenden Materialien. Recherchieren Sie bei anderen Anbietern nach den günstigsten Preisen. Oftmals findet man günstige Angebote zu verschiedenen Produkten bei entsprechenden Aktionsverkäufen.

Und was hindert Sie daran sich das Laminat fürs Wohnzimmer bereits 3 Monate eher zu kaufen, nachdem die Flächen genau feststehen? Das betrifft auch alle anderen oben angesprochenen Produkte. Hier besteht eine Menge Einsparpotenzial.

Verhandeln Sie mit dem Bauunternehmer über die entsprechenden Gutschriften bei Eigenleistungen. Hier wird oft getrickst und nur ein Bruchteil des eigentlichen Wertes erstattet.

Der „letzte Rate-Trick"

Bei diesem Trick gehe ich davon aus, dass es sich um ein Bauvorhaben handelt, welches nicht auf Grundlage der Makler-und Bauträgerverordnung erstellt wird. Denn nur dann hat der Bauunternehmer einen gewissen Spielraum für die Gestaltung der jeweiligen Abschlagszahlungen.

Und genau da beginnt das Problem.

Obwohl gerade auch beim Bau gilt: Zahlung Zug um Zug und nach abgeschlossener Leistung - sind doch die meisten Bauvorhaben oftmals heillos überbezahlt. Da dies ein Thema für einen weiteren Trick ist, möchte ich mich an dieser Stelle nur der „letzten Rate" widmen.

Nicht selten findet man in den Zahlungsplänen folgende Formulierung: „Abschlusszahlung nach Abnahme des Bauprojekts".

Wenn man Glück hat, ist die letzte Rate mit einer entsprechenden Prozentzahl definiert. Oft findet man aber auch nur obige Formulierung, die den wahren Wert nicht auf Anhieb erkennen lässt.

Zählt man dann aber die vorher geleisteten Zahlungen zusammen, bleiben, auf den ersten Blick nicht erkennbar, mitunter nur noch **magere 2 %!** übrig.

Zur Verdeutlichung:

Ein üblicher Zahlungsplan könnte nun so aussehen:

20 % nach Beginn der Erdarbeiten
10 % nach Fertigstellung der EG Decke
15 % nach Rohbaufertigstellung
15 % nach Fertigstellung der Innenputzarbeiten
35 % nach Fertigstellung der Estricharbeiten
5 % nach Gesamtfertigstellung und Hausübergabe

Ein unternehmerfreundlicher Zahlungsplan könnte so aussehen:

20% nach Beginn der Erdarbeiten
10% nach Fertigstellung der EG Decke
15 % nach Rohbaufertigstellung
18 % nach Fertigstellung der Innenputzarbeiten
35 % nach Fertigstellung der Estricharbeiten
Restzahlung nach Gesamtfertigstellung und Hausübergabe

Nur am Rande: Umtriebige Bauunternehmer ziehen auch gern mal die entsprechenden „Abschlagsgewerke" vor, um die vereinbarten Zahlungen verlangen zu können. So kann man ohne Weiteres Innenputz- und Estricharbeiten ausführen um die entsprechenden Rechnungen zu stellen, **ohne** dass Sie auch nur eine Steckdose, Wanne, Dusche, Heizkörper usw. in Ihrem Haus haben.

Ganz schön fies, oder?

In einem ungünstigen Fall haben Sie also 98% Ihres Hauses bereits bezahlt und haben eine großzügig ausgestattete Garage, nur im Sommer nutzbar versteht sich.

Mein Tipp:

Um immer noch ein gewisses Druckmittel bei Mängeln gegenüber der Baufirma zu haben, sollte die letzte Rate mindestens 5% betragen.

Obwohl nicht ganz einfach, beziehen Sie sich beim Zahlungsplan auf klar definierte Bauabschnitte, auch hier gilt: Lieber einen Satz mehr als zuwenig.

Es stellen sich solche Fragen wie:

"Müssen für die Abschlagszahlung „bei Rohbaufertigstellung" alle nicht tragenden Innenwände fertig-gestellt sein und zählt eine Betontreppe noch dazu?"

In der Praxis steht in den meisten Baubeschreibungen viel zu wenig, die Baufirma hat dann einen sehr großen Spielraum bei der Ausführung. Achten Sie hier auf detaillierte Formulierungen.

Übertreiben Sie es aber nicht: Wenn Sie als Bauherr nämlich zu viele Details ohne fachkundige Beratung hineinformulieren, kann dies pauschale Vereinbarungen, die für Sie günstiger sind, außer Kraft setzen.

In jedem Fall rate ich Ihnen gerade hier, professionellen Rat von externen Sachverständigen oder Architekten einzuholen.

Der „Abnahme-Trick"

Diesen Kandidaten habe ich mir fast bis zum Schluss aufgehoben, weil er so elegant ist. Der Gentleman unter den Tricks sozusagen. Ich hoffe, Sie sehen mir meine Euphorie nach.

Gerade die Abnahme Ihres Hauses stellt einen entscheidenden Punkt bei Ihrem Hausprojekt dar. Hatte bis zu diesem Zeitpunkt der Bauunternehmer die Nachweispflicht für entstandene Mängel oder Schäden, kehrt sich die Beweislast von nun an um. Ab jetzt wird es für den Bauherrn sehr viel schwieriger eigene Ansprüche geltend zu machen.

Aus diesem Grund wird dieser Tag von Baufirmen oftmals herbeigesehnt, wie der Wodka auf einer polnischen Hochzeit.

Oft sind die Bauunternehmer nach erfolgreicher Abnahme auch genauso betrunken wie auf derselben.

Ok, Spaß beiseite - kommen wir zum Thema.

Wir unterscheiden in der Regel 4 Möglichkeiten der Abnahme:

1. ausdrückliche Abnahme
2. stillschweigende Abnahme
3. förmliche Abnahme
4. fiktive Abnahme

Ich gehe bei der Erläuterung dieses Tricks davon aus, dass die VOB üblicherweise wirksam vereinbart ist.

Zur wirksamen Vereinbarung verweise ich auf meine allgemeinen Hinweise am Ende des Buches.

Ohne auf die Details einzugehen, lassen Sie mich sagen, dass Sie mit Abnahme 1 und 3 noch auf der relativ sicheren Seite sind. Da Abnahme 2 relativ selten angewendet wird, möchte ich mich der „eleganten" Abnahme Nr.4 zuwenden:

Die fiktive Abnahme kann gemäß „§ 12 Abnahme" der VOB/B auf 2 Arten erfolgen:

- *§ 12 Nr. 5 Abs. 1 VOB/B:*

  Wird keine Abnahme verlangt, so gilt die Leistung als abgenommen mit Ablauf von 12 Werktagen nach schriftlicher Mitteilung über die Fertigstellung der Leistung.

  (Eine solche Mitteilung kann insbesondere in der Übersendung der Schlussrechnung liegen.)

- *§ 12 Nr. 5 Abs. 2 VOB/B:*

  Wird keine Abnahme verlangt und hat der Auftraggeber die Leistung oder einen Teil der Leistung in Benutzung genommen, so gilt die Abnahme nach Ablauf von 6 Werktagen nach Beginn der Benutzung als erfolgt, wenn nichts anderes vereinbart ist.

Und genau da wird's wieder mal gefährlich. Ist diese Form der Abnahme wirksam vereinbart, sollten Sie sich mit einem dicken roten Textmarker in Ihrem Kalender notieren, wann Sie :

a) die Abschlussrechnung erhalten haben, oder
b) in Ihr Haus eingezogen sind

Denn genau dann fangen die entsprechenden Fristen, siehe oben, an zu laufen! Die Abnahmeuhr tickt sozusagen. Und Sie können sicher sein, dass sich Ihr Bauunternehmer ein leises Lachen nicht verkneifen kann. Nämlich genau dann, wenn Sie ihn nach 2 Wochen nach Einzug oder Schlussrechnung anrufen und höflich um einen Termin für die Erstellung des Abnahmeprotokolls bitten.

Denn den meisten Bauherren ist diese Form der Abnahme kaum bekannt. Wer denkt zudem im ganzen Umzugsstress und Rechnungsterror an irgendwelche Abnahmefristen?

Mein Tipp:

Vermeiden Sie unter allen Umständen eine fiktive Abnahme! Ein seriöser Bauunternehmer wird Ihnen immer die förmliche Abnahme vorschlagen. Hier haben Sie die Möglichkeit mit einem externen Sachverständigen oder Architekten etwaige Mängel in einem Protokoll zu notieren. Setzen Sie Fristen für die Beseitigung!

Ach ja: Bezahlen Sie auf keinen Fall die letzte Rechnung bis zur Erledigung der ausstehenden Arbeiten.

Der „Verjährungs-Trick"

Jetzt möchte ich Ihnen eine kleine, gern angewandte, Praxis bei Gewährleistungs- und Garantiefällen zeigen.

Zum Glück für den Häuslebauer wurden die allgemeinen Gewährleistungszeiten auch in der VOB/B auf 5 Jahre angehoben.

Nun ist es so, dass in den ersten Jahren alles noch soweit reibungslos funktioniert und keine größeren Probleme auftreten.
Erst nach 3-4 Jahren stellt sich dann so der eine oder andere Mangel ein.
Wenn es dann den Häuslebauer doch etwas zu nerven beginnt, ruft er dann doch mal bei der Baufirma an.

(Also meist ist es die Ehefrau, die Ihrem Mann sagt, dass er doch endlich anrufen soll. Nach 2 Wochen tut er es dann auch meist.)

Nun beginnt die Taktik, die ich beispielhaft „1812er" nenne. Damals warteten die Russen sehnlichst auf den Winter, um Napoleon in die Knie zwingen zu können. Genau wie damals wartet auch unser Bauunternehmer sehnlichst auf den Ablauf des 5. Jahres nach Fertigstellung Ihres Hauses. Für ihn ein besonderer Grund zu feiern.

Nach dem Anruf des Häuslebauers wird nun erst mal ein Termin vereinbart, etwas mittelfristiger, da unser Bauunternehmer ja sehr stark eingebunden ist. Dann wird mit teilweise sehr innovativen Mitteln versucht Zeit zu gewinnen :

Notwendige Anfragen beim Hersteller, das Einbringen von Provisorien die „garantiert kurzfristig ersetzt werden", Prüfung durch hauseigene Gutachter und und und…dafür haben Sie doch sicher Verständnis, lieber Bauherr, oder?

Ehe Sie es sich versehen sind die 5 Jahre um und Sie schauen in die sprichwörtliche Röhre.

Glück für Sie, wenn es um keine größeren Mängel geht.

Mein Tipp:

Während Vergütungsansprüche grundsätzlich zum Jahreswechsel verjähren, beginnt die Verjährungsfrist für Gewährleistungsansprüche immer mit der Bauabnahme, also während des ganzen Jahres.

Vereinfacht gesagt gilt: Die Pflicht zur Behebung von Mängeln besteht fünf Jahre, wobei die Frist nicht am Jahresende zu laufen beginnt, sondern stets mit der Abnahme. Hat Ihre Baufirma den Bau also am 17. März 2003 abgenommen, dann endet die Gewährleistungsfrist jetzt am 17. März 2008. Behalten Sie diese Fristen im Auge und machen Sie Mängel rechtzeitig vor dem Ablauf der Frist geltend.

Seien Sie sich über das Ablaufdatum Ihrer Gewährleistungszeit im Klaren. Sollten Mängel auftreten, zeigen Sie diese unverzüglich an! Ein Anruf ist zwar nett und höflich, reicht aber nicht aus.

Es reicht nicht nur eine Mahnung zu schicken, egal ob eingeschrieben oder nicht!

Wenn die Verjährung droht, müssen grundsätzlich gerichtliche Maßnahmen ergriffen werden, um den Anspruch zu erhalten. Und dabei kann nur der Anwalt helfen."

Dokumentieren Sie die Schäden zusätzlich mittels Zeugen, Fotos und Aktennotizen.

Der „Doppelbelastungstrick"

Dieser Trick ist eng mit dem Vorangegangenen verbunden und dient gleichfalls dazu, die Kosten des Gesamtprojekts zu reduzieren, um das Angebot für Sie als Bauherrn interessant zu machen.

Erfreulicherweise taucht der Posten „Doppelbelastung" schon mal immer häufiger in den Objektkalkulationen auf. Das ist schon mal ein Anfang.

Das Problem dabei ist, dass dieser meist viel zu niedrig angesetzt ist!

Worum handelt es sich?

In den meisten Finanzierungen haben Sie eine „tilgungsfreie Zeit" für Ihr Darlehen vereinbart. In der Regel sind dies 3 Monate.

Sobald Sie nach Ablauf dieser Zeit Ihr Darlehen in Anspruch nehmen, werden die entsprechenden Zinsen + Tilgungen anteilig fällig. Aber auch ohne Inanspruchnahme steigt ab diesem Zeitpunkt ihre finanzielle Belastung - durch den dann fällig werdenden Bereitstellungszins.

Das Problem daran ist, dass in den ersten 3 Monaten meist nur kleinere Beträge benötigt werden, da Sie hier noch überwiegend mit den bauvorbereitenden Maßnahmen beschäftigt sind.

In den seltensten Fällen können Sie nach 3 Monaten bereits in Ihr neues Haus einziehen. Und da sind wir beim Problem. Sie haben also meist noch Ihre Mietbelastung und die Kapitalbelastung für Ihr Darlehen zu tragen.

Insbesondere bei Massivhäusern sollten Sie mit einer Mindestbauzeit von 6 Monaten rechnen. Ich definiere diese Mindestbauzeit vom Wirksamwerden Ihres Darlehensvertrages bis zum Umzug bzw. Wegfall Ihrer bisherigen Miete.

Es ist sicher gut und schön, wenn Ihnen die Baufirma 3 Monate Bauzeit garantiert, das bedeutet aber noch lange nicht, dass Ihr gesamtes Bauvorhaben auch nur so lange dauert. Wenn dann noch Wintermonate dazwischen liegen, können auch ganz schnell 7-9 Monate daraus werden. Dann wird's teuer!

Mein Tipp:

Vereinbaren Sie mit Ihrem Finanzierer großzügige „tilgungsfreie Zeiten". 6 Monate sind hier das absolute Minimum.

„Nageln" Sie Ihren Bauunternehmer zeitlich fest! Vereinbaren Sie schriftlich konkrete Vertragsstrafen bei Terminüberschreitungen.
Auch hier gilt: Lieber ein Satz mehr als zu wenig. Es muss klar definiert sein, was die Baufirma wann und wie zu übergeben hat!

Allgemeine Hinweise, die Sie beachten sollten:

Hinweis 1:

Ein paar kluge Zeilen vorab:

„Es gibt kaum etwas auf dieser Welt, das nicht irgendjemand ein wenig schlechter machen und etwas billiger verkaufen könnte.

Die Menschen, die sich nur am Preis orientieren, werden die rechte Beute solcher Machenschaften. Es ist unklug, zuviel zu bezahlen, aber es ist noch schlechter, zuwenig zu bezahlen.

Wenn Sie zuviel bezahlen, verlieren Sie etwas Geld, das ist alles.

Wenn Sie dagegen zuwenig bezahlen, verlieren Sie manchmal alles, da der gekaufte Gegenstand die ihm zugedachte Aufgabe nicht erfüllen kann.

Das Gesetz der Wirtschaft verbietet es, für wenig Geld viel Wert zu erhalten.

Nehmen Sie das niedrigste Angebot an, müssen Sie für das Risiko, das Sie eingehen, etwas hinzurechnen. Und wenn Sie das tun, haben Sie auch genug Geld, um für etwas Besseres zu bezahlen."

John Ruskin (1819 - 1900), engl. Sozialreformer

Diese Aussage ist aktueller denn je!
Gerade in den „Ich bin doch nicht blöd" und „Geiz ist geil"-Zeiten sind Sie gut beraten, Ihren gesunden Menschenverstand zu bewahren.

Und genau dies ist auch mein erster und wichtigster Hinweis an Sie:

Behalten Sie immer einen kühlen Kopf und Ihren gesunden Menschenverstand!

Musterhäuser, Messen, Kataloge sind nur selten geeignet die letztendlich eingebauten Leistungen zu überprüfen. Sprechen Sie mit realen Bauherren, möglichst aber keinen „Musterhausfamilien". Nur dann werden Sie die wahre Qualität und Seriosität Ihrer Baufirma kennenlernen.

Häuser sind keine Mangelware wie früher Bananen in der DDR. Es gibt sie jederzeit und überall. Und die beliebten „Frühjahrs - und Messeangebote" gibt es auch im Herbst und nach der Messe. Ganz sicher!

Hinweis 2:

Erstellen Sie sich unbedingt einen Budgetplan!
Dies kann eine Excel-Tabelle oder Ähnliches sein. Zur Not machen Sie es handschriftlich auf einer Karteikarte.

Tragen Sie dort alle, wirklich alle, infrage kommenden Positionen ein. Dazu gehören auch solche Ausgaben, wie das neue Schlafzimmer, Umzugskosten oder die Renovierung der alten Wohnung.

Ein Punkt „Sonstiges" sollte auf keinen Fall fehlen. Denn gerade beim Hausbau treten sehr oft unvorhergesehene Ausgaben auf.

Versehen Sie diese einzelnen Positionen mit einem Sollwert. Recherchieren Sie akribisch! Halten Sie genügend Finanzpuffer bereit für die Baunebenkosten und auch für die Erfüllung Ihrer Zusatzwünsche während der Bemusterung(!).
Gerade bei den Baunebenkosten steckt viel Gefahrenpotenzial. Sie sind meist deutlich höher als vorher gedacht.

Und das Wichtigste!

Halten Sie diesen Sollwert auch ein!

Hinweis 3:

Leicht zu übersehen sind Änderungsvorbehalte, die gern am Ende der Bauverträge platziert werden. Die Firmen weisen darauf hin, dass sie berechtigt sind,

Änderungen vorzunehmen, die "technisch, wirtschaftlich oder behördlich" veranlasst sind. Wer darauf eingeht, macht die gesamte Baubeschreibung zur Farce. Denn was wirtschaftlich zweckmäßig ist, darf dann die Baufirma entscheiden.

Hinweis 4:

Achten Sie auf eine ausreichend lange Festschreibung des verhandelten Preises - optimal sind 12 Monate. Gerade bei Massivbauten, die zudem noch über die Winterzeit hinaus andauern, ist dieser Zeitraum meist zu kurz und Sie sind unter Umständen unangenehmen Preiserhöhungen ausgesetzt.

Hinweis 5:

Wenn es die Finanzen zulassen: Technische Dinge in der Planung schon vorbereiten lassen oder am besten gleich umsetzen. Grundsatz: Was Sie jetzt nicht vorsehen oder gleich einbauen lassen, werden Sie wahrscheinlich gar nicht oder erst sehr viel später machen.
Nachträgliche Technikänderungen werden nur schwer möglich sein oder erheblich teurer. Z.B. Dachbodenausbau, Solaranlage, Zisterne, Markisen, Schornstein und vieles andere.

Hinweis 6:

Unterschätzen Sie nicht die Kosten für eine Gestaltung der Außenanlagen.

Gerade hier wird viel zu oft falsch kalkuliert.

Nur ein Beispiel:
Gerade bei neu erschlossenen Baugrundstücken sieht der Boden nach der Bebauung aus wie eine Mondlandschaft.

Allein die Abdeckung mit 20-25 cm Mutterboden inklusive Transport bei einem 600 m² großen Grundstück kann schnell mit 3.000,- € zu Buche schlagen. Gewaltig, oder?

Hinweis 7:

Achten Sie ebenfalls darauf, dass der Vertrag Bestimmungen für den Fall bereitstellt, dass sich einige der zur Vertragsgrundlage erhobenen Leistungsdefinitionen widersprechen. So kommt es häufig vor, dass im Textteil einer Leistungsbeschreibung die Ausführung einer Arbeit abweichend von den ebenfalls vertragsgegenständlichen Plänen beschrieben wird.

Im Vertrag ist für solche Fälle festzulegen, welcher der verschiedenen Teile der Leistungssollbestimmung vorrangig sein soll und wie bei Widersprüchen zu verfahren ist. Im Zweifel kann hier auch schon eine in der VOB/B enthaltene Regel zur Reihenfolge der Geltung von Vertragsgrundlagen bei Widersprüchen weiterhelfen.

Hinweis 8:

Die Einbeziehung der VOB ist nicht immer vorteilhaft für den Bauherrn:

Ein entscheidender Unterschied der VOB zu den Regelungen des BGB besteht zunächst darin, dass die Bestimmungen der VOB nicht die Qualität von Rechtsnormen haben. Die VOB gilt danach anders als das BGB nicht automatisch bei Abschluss eines Bauvertrages, sondern sie muss ausdrücklich vertraglich vereinbart werden.

Soweit die Bestimmungen der VOB vertragsgerecht enthalten sind, haben Sie rechtlich die Qualität von allgemeinen Geschäftsbedingungen (AGB), da sie für eine Vielzahl von Verträgen vorformuliert sind. Dies bedeutet aber gleichzeitig, dass vertragsrechtliche Regelungen der VOB - zumindest gegenüber Privatleuten - nur dann wirksam in einen Vertrag einbezogen werden können, wenn dem Vertragspartner die Möglichkeit verschafft wurde, in zumutbarer Weise von dem Inhalt der VOB Kenntnis zu nehmen.

Ein bloßer Hinweis im Vertrag auf die "Geltung der VOB" reicht danach regelmäßig nicht aus, um die VOB auch wirksam zu vereinbaren. Ebenfalls ist gegenüber Privatleuten der Hinweis, wonach die VOB "auf Anfrage zur Verfügung gestellt wird" oder "im Buchhandel erhältlich ist", für eine wirksame Vereinbarung der VOB nicht ausreichend.

Für Sie als privater Auftraggeber ist es in aller Regel nicht empfehlenswert, einen Vertrag nach den Regeln der VOB/A zu vergeben oder die VOB/C uneingeschränkt dem Vertrag zugrunde zu legen. Die VOB/A enthält nämlich streng formalisiertes Vergaberecht, das bei einer Beauftragung durch einen privaten Besteller eher hinderlich ist und wohl auch so gut wie nie beachtet wird. Bei Vereinbarung der VOB/C sollten Sie sich darüber im Klaren sein, dass in der VOB/C technische Standards definiert werden, die von dem eigentlich Gewünschten möglicherweise negativ nach unten abweichen.

Da die VOB-Bestimmungen sowohl gravierende Nachteile als auch gewisse Vorteile mit sich bringen können, sollten Sie sich unbedingt durch einen Spezialisten, zum Beispiel einen Baufachmann oder einen sachkundigen Rechtsanwalt, beraten lassen.

Besteht der Unternehmer auf einem Vertragsabschluss nach VOB, sollten Sie versuchen, bestimmte verhandelbare Regelungen zu Ihren Gunsten zu ändern. Vereinbaren Sie bei Bauwerken auf jeden Fall eine fünfjährige Gewährleistungsfrist, wie sie auch im BGB vorgesehen ist. Das ist insbesondere bei teuren und langlebigen Bauteilen, etwa einer Kellerabdichtung, wichtig.

Hinweis 9:
Lassen Sie sich nichts gefallen!

Solange Mängel bestehen, haben Sie das Recht Zahlungen vom Werklohn zurückzubehalten. Dieses Zurückbehaltungsrecht kann in Höhe des Dreifachen der voraussichtlichen Mängelbeseitigungs- oder Nachbesserungskosten ausgeübt werden.

Diese Kosten können durchaus weit über den ursprünglichen „reinen“ Gewerkeleistungen liegen.

Also seien Sie bei der Berechnung ruhig etwas „großzügiger". Um so eher wird Ihr säumiger Bauunternehmer reagieren.

Zum Schluss

Als mir das erste Mal die Idee zu diesem Buch kam zweifelte ich, ob es wirklich Sinn macht dieses Thema aufzugreifen. Im Laufe der Zeit stellte ich dann fest, dass ich mit diesem Buch nur ansatzweise den angesprochenen Problemkreis darstellen konnte.

Gerade der Hausbau ist so komplex, dass sich mit den hierbei auftretenden Problemen und Tricks bequem noch weitere Bücher füllen lassen würden.
So kann auch dieses Buch nur ein Anfang sein, das „Blickfeld" des normalen Bauherrn etwas zu erweitern.

Gerade die fachlichen und rechtlichen Feinheiten sind so spezifisch, dass ich nur noch einmal meine Bitte vom Anfang dieses Buches wiederholen kann:

Holen Sie sich auf jeden Fall kompetente fachliche Beratung. Dieses Buch soll und kann nur ein erster Wegweiser für die eventuell auftretenden Probleme sein und ersetzt in keinem Fall einen guten Sachverständigen oder Rechtsanwalt!

Ich möchte allen Freunden und Bekannten danken, die mich beim Schreiben dieses kleinen Ratgebers unterstützt haben.

Sollte Ihnen mein E-Book gefallen haben oder auch wenn Sie Anregungen und Kritik für mich haben, können Sie mir gern schreiben: shop@immonopoly.de.

Ihnen lieber Bauherr wünsche ich viel Erfolg bei Ihrem nächsten Bauvorhaben. Mein Wunsch ist es, dass Sie mit meinem Buch etwas weniger Stress und Probleme während der anstehenden Bauzeit haben. Denn eins ist sicher:

Dieses Buch soll Sie nicht abschrecken, sondern ermutigen zu bauen. Denn wie heißt es so schön:

Im Laufe des Lebens soll der Mann:
Einen *Baum* pflanzen, ein *Haus* bauen, ein *Kind* zeugen.

Bei den ersten beiden Dingen möchte ich Ihnen behilflich sein. Letzteres überlasse ich Ihnen selbst!

Herzlichst Ihr
Jan Riemann

Linksammlung:

Die Webseite zum Buch:
http://www.immonopoly.de

Konrad Fischer
Das Problem mit den DIN-Normen
http://www.konrad-fischer-info.de

Dipl. -Ing. Martin Beisse
Zusammenspiel Gutachter & Rechtsanwalt (Dipl. -Ing. Martin Beisse)
http://members.dokom.de/mbeisse/Ablauf.pdf

Rechtsanwälte Wolfgang Heinicke & Sylvia Heinicke
Der notarielle Bauvertrag
http://ra-heinicke.de/html/notariell_bauvertrag.html

Stiftung Warentest
Testberichte Bauen + Finanzieren
http://www.test.de/themen/bauen-finanzieren

Erfahrungen von Bauherrn und Bautipps
http://www.hausbau-erfahrungen.de

Allgemeine Tipps zum Baurecht
http://www.baurecht-ratgeber.de

Bausparen - wirklich so toll?
http://verbraucherschutz.wtal.de/bauspardarlehen.htm
http://www.dooyoo.de/bausparen/bausparen/1062614/